Christian Baumann

**Kurze Anleitung zur Pflanzung der Maulbeerbäume**

Christian Baumann

**Kurze Anleitung zur Pflanzung der Maulbeerbäume**

ISBN/EAN: 9783743366633

Hergestellt in Europa, USA, Kanada, Australien, Japan

Cover: Foto ©berggeist007 / pixelio.de

Manufactured and distributed by brebook publishing software
(www.brebook.com)

Christian Baumann

**Kurze Anleitung zur Pflanzung der Maulbeerbäume**

# Kurze
# Anleitung

zur Pflanzung der

## Maulbeer-Bäume

und Erziehung der

## Seiden-Würme,

welche

nach vieljähriger Erfahrung den
Liebhabern des Seiden-Baues
mitgetheilet wird.

---

· W I E N,

zu finden bey Hermann Joseph Krüchten
Universitäts-Buchhandler im Seizerhof
1764.

# Innhalt
## dieser Abhandlung.

# Vorrede.

Nachdem sich der Seiden-Bau in Teutschland immer weiters verbreitet, und der beträchtliche Nutzen, so daraus erwachset, jedermann in die Augen fällt; so wünschen viele, hiervon einen klaren und deutlichen Begriff zu überkommen, um auch ihres Orts zu einem so fruchtbringen-

den

den als ergötzenden Werk die
Hand anlegen zu mögen. Sie
werden sich darzu um so leichter
entschlüssen, wann sie sehen, mit
was geringer Mühe der Maul-
beer-Baum zu erziehen, und
wie ergäbig derselbe bey seinem
Anwachs zu benutzen sey, ja
daß den Unterthanen, ohne
mindester Verabsaumung des
Feld- oder Wein-Baues, ein solcher Nebenverdienst zufließe,
womit er seine aufhabende Ga-
ben um so füglicher bestreiten
kann.

Viele haben zwar von dem
Seiden-Bau mit gutem Grund
geschrieben; gleichwie aber die
Himmels-Gegend nicht durch-
aus

auß gleich iſt, und auch andere
Umſtände nicht überall eintref-
fen, über dieſes aber der gemeine Mann, für welchen dieſe Ab-
handlung eigentlich beſtimmet iſt,
vielmehr eine platte und unge-
zwungene, alß eine hohe Schreib-
Art liebet: alß iſt dieſer kleine
Tractat von einem eifrigen Pa-
trioten, welcher durch viele
Jahre ſich in dem Seiden-Bau
geübet, in der Abſicht verfaſſet
worden, damit er vielen zur
Aufmunterung diene, und den
ſicheren Weg weiſe, wie der
Seiden-Bau in allen ſeinen
Theilen anzuſtellen und außzu-
führen ſey; geſtalten er nichts
anmerket, was nicht nach vielfäl-
tigen Verſuchen für das richtig-

A 3 ſte

ste und beste befunden worden.
Er übergehet geflissentlich alles,
was nicht zur Wesenheit der
Sache gehörig, damit der gemeine Mann, wann man ihm
verschiedene gekünstelte Hand-
griffe vorleget, nicht irr gema-
chet, sondern ihm die Arbeit
vielmehr erleichtert als
erschwieret werde.

Er.

# Erstes Kapitel.

## Von dem Nutzen der weissen Maulbeer-Bäume.

Man kann mit vollkommenem Grund behaupten, daß der weiße Maulbeerbaum einer der nutzbarsten unter allen übrigen sey; dann ausser dem, daß derselbe, wann er in eine gute Kron gezogen wird, den Garten-Gründen eine schöne Zierde giebet, und im Sommer einen anmuthigen und gesunden Schatten machet, auch weder Fliegen, Käfer, Rau-

A 4      pen,

pen, noch einige andere Arten des Un=
geziefers an sich leidet, so ist hauptsäch=
lich dessen Laub für den Landmann von
einem zweyfachen sehr beträchtlichen Nu=
zen. Der erste und gröste bestehet da=
rinnen, daß dieses Laub den edlen Sei=
den=Würmen zu ihrer einzigen Nah=
rung dienet, welche, wann sie 6. oder
7. Wochen hindurch damit fleißig ge=
füttert worden, alsdann die vortreflich=
ste Seide spinnen, und solche dem Land=
mann zu seinem Gewinn darlegen. Der
zweyte Nuzen aber ist, daß eben dieser
Baum, wann ihm das erste Laub zur
Fütterung der Seiden=Würme abge=
nommen worden, gleich wieder ausschla=
ge, und dieses zweyte Laub, nachdem
es in dem Herbst abgefallen und gesam=
let wird, wegen seines annehmlichen Ge=
schmackes, und der in sich führenden
grossen Kraft den Schaafen, und dem
Hornvieh im Winter anstatt des besten
Heues zum Futter diene.

Die Zucht und Wartung der Sei=
den=Würme ist gar nicht beschwerlich,

son=

sondern für eine emsige Hauswirthin, und ihre Kinder vielmehr eine angenehme und nuzliche Unterhaltung. Es wird auch darmit keine andere Arbeit versaumet, indem in eben der Zeit, da der Maul-beer-Baum auszuschlagen anfanget, und die Seiden-Würme angesetzet wer-den (welches gemeiniglich im Anfange des May-Monats geschiehet) auf den Feldern und Wiesen die wenigste Arbeit vorfällt, und ehe die Zeit zum Schnitt herzukommt, hat sich der Sei-den-Wurm schon eingespunnen, und seine Ernährerin hat das für die Seiden erlöste Geld schon in Handen.

Ein jeder Grund, in welchem ein an-derer Baum fortkommet, ist gut, diese weisse Maulbeer-Bäume empor zu brin-gen, und insonderheit befördern jene Gründe ihren Wachsthum, welche etwas locker, und sandig, oder schoterig, mithin nicht gar zu stark, und fest sind; welches dann die Ursach ist, daß sie in den Kuchel-Gärten, Wein-Gärten, oder auf anderen Gründen, welche öfters

A 5 umge-

umgegraben, oder gepflüget werden, weit geschwinder in die Höhe kommen, und zur mehreren Vollkommenheit gelangen.

Der bequemste und sicherste Stand aber vor diese Bäume ist bey denen Häusern, wo sie von rauhen Winden in etwas bedecket sind, und man dieselbe öffters begießen und umgraben, ja auch zur Speise der Würme mit Gemächlichkeit ablauben kann.

So wachsen sie auch sehr gern neben den Bächen, und auf den Teichdämmen, wo man ebenfalls das Wasser zur Begießung an der Hand hat, und der Grund selbst mehrere Feuchtigkeit bey sich führt. Nur ist in acht zu nehmen, daß man selbe bey den Bächen nicht zu tief setze, damit das eindringende Wasser die Wurzeln nicht abfaulen mache, und die Bäume zu Grund richte.

Sobald diese Bäume zu vollkommenen Kräften gelanget, pflegt man die Kronen alle drey oder vier Jahr ab-
zu-

zuwerfen, wo ſie ſodann ein ſchöneres
Laub bekommen, und nicht ſo ſtark in das
wilde Holz treiben. Dadurch überkom-
met man zur Hausnothdurft faſt eben ſo
vieles Holz, als man von einem Felber-
baum zu gewarten hat.

Ueber dieſes darf man nicht befürch-
ten, daß ihnen der Froſt ſo leicht ſcha-
de, indem die Erfahrung lehret, daß
in den zweyen kalten Wintern Anno
1709. und Anno 1740. wo ſo viele
Obſt-Bäume erfrohren, die weiſſen
Maulbeer-Bäume allein unbeſchädiget
verblieben.

Wann ſolche alſo nur in den erſten
Jahren nach ihrer Verpflanzung wohl
gewartet werden, wie man weiters in dieſem Unterricht mit mehrerem an die
Hand geben wird, ſo hat der Landmann
keine andere Mühe mehr damit, ſondern bis auf ſeine Nachkommenſchaft
alljährlich einen reichlichen Genuß davon zu ſchöpfen.

Will demnach ein fleißiger Haus-
wirth nur 10. ſolcher Bäume ſetzen,
ſo

so können von ihren Blättern, wann
anderst die Bäume zum vollkommenen
Wachsthum gediehen, alle Jahr we-
nigst so viele Seiden-Würme erzogen
werden, als von einem halben Loth
Saamen ausfallen, welche Würme sodann, wenn sie gut gepfleget werden,
und nicht viele davon zu Grund gehen,
9. bis 10. Pfund Seiden-Galleten,
oder Seiden-Eyer einspinnen, deren ein
jedes Pfund dermalen um 40. kr. zu
verkaufen ist, mithin gewinnet eine
Hauswirthin mit ihren Kindern durch
7. oder 8. Wochen gleichsam nur spie-
lender 6. fl. 40. kr. und hat sie das
Laub von 20. grossen Bäumen, so er-
wirbet sie sich ohne des Mannes Bey-
hilffe durch obige Zeit 13. fl. 20. kr.
mithin so viel, daß sie verschiedene
Haus-Nothwendigkeiten damit ganz
füglich bestreiten kann.

Daß aber die Seide in den Kays.
Königl. Erblanden eben so gut, als in
Welschland und Frankreich erzeuget
werden könne, daran darf niemand mehr
zweiflen.                    Die

Die ſchon ſeit mehreren Jahren ein-
gefuͤhrte Seiden-Zucht, und die ſo viel-
faͤltig abgefuͤhrte Proben haben nur gar
zu klar bewieſen, daß die aus hierlaͤn-
digen Gaͤlleten abgezogene Seide eben
ſo ſchoͤn und vollkommen ausfalle, als
jene immer ſeyn kann.

Im Fall aber auch jemand ſich auf
die Seiden-Zucht nicht legen wollte,
ſo kann er die Ablaubung ſeiner Baͤu-
me an andere mit großem Vortheil ver-
dingen, mithin ohne alle Muͤhe und
Sorgfalt einen ſichern Nuzen beziehen,
wie es auch in andern Laͤndern vielfaͤl-
tig zu geſchehen pfleget.

Ja in verſchiedenen Laͤndern gruͤn-
den ſich die Contributions-Kraͤften, und
der gemeine Nahrungs-Stand vornehmlich auf den Seiden-Bau, und
man wuͤßte keine Urſach anzufuͤhren,
warum nicht die Erblaͤnder, da die
Himmels-Gegend ſich hierzu ganz geneigt erzeiget, nicht auf gleiche Weiſe
begluͤcket werden ſollten.

Nur

Nur allein scheinet es darauf anzukommen, daß die Obrigkeiten, welche an dem Wohlstand ihrer Unterthanen den stärkesten Antheil nehmen, mit eigenem Beyspiel vorleuchten, und anmit die Unterthanen zur Nachfolge anfrischen. Dieses ergäbe sich von selbsten, wann die Herrschaften, Prälaten und Klöster in ihren Lustgärten einige Saamen-Beeter anzulegen sich gefallen liessen, kleine Baum-Schulen halten wollten, und folgends derley junge Bäume unter ihre Unterthanen vertheilten, schattichte Alleen aussetzeten und die eingemaurte oder eingezäunte Gründe mit schönen Spallieren zierten. Sie stifteten hierdurch bey ihren Unterthanen ein ewiges Andenken, und da sie durch dieses Mittel dem armen Nebenmenschen zur besseren Nahrung helfen, wird sie GOtt darfür reichlich belohnen.

Zwey-

# Zweytes Kapitel.

## Von Zubereitung des Maulbeer-Saamens.

Nachdem zur Erzeug = und Vermehrung der Maulbeer = Bäume vor allem nöthig ist, solche aus dem Saamen zu erziehen, als muß man vor allem die Art und Weise, wie der Saamen zu gewinnen, und zubereitet werden solle, jedermann begreiflich machen.

Wann einige weisse Maulbeer-Bäume auf eigenem Grunde, oder in der Gegend vorfindig sind, so trachtet man den Saamen von selben zu überkommen. Dieser ist darum besser, theils, weil man dem ausländischen nicht allemal trauen kann, theils aber weil der innländische Saamen der Himmels = Gegend, und der damit verknüpften Witterung allschon gewohnet ist.

Diesen Saamen zu erlangen, wählet man einige starke, gesunde, groß

blätte-

blätterichte weiſſe Maulbeer-Bäume, maſſen diejenigen, ſo das kleine zackichte Laub tragen, für unfruchtbar, und nicht für vollkommen gehalten werden.

Dieſe Bäume ſind daſſelbige Jahr, wenn von ihnen der Saamen abgenommen werden will, nicht abzulauben; dann wann man ihnen das erſte Laub nimmet, ſo ſuchen ſie neues Laub zu treiben, andurch aber wird den Beeren der Saft, und die nöthige Kraft, recht völlig zu werden, entzogen. Die Beere läßt man am Baum ſo lang ſtehen, bis ſie anfangen von ſelbſten abzufallen. Sobald man dieſes wahr nimmet, werden unter dem Baum ſchlechte leinene Tücher aufgebreitet, die Aeſte doch nicht zu heftig geſchüttelt, damit nur die zeitige Beere herunter fallen.

Die ſolcher Geſtallten in Genüge geſammlete Maulbeer thut man in ein erdenes, oder hölzernes Geſchirr, das ein wenig weit iſt, läßt ſie durch zweymahl 24. Stunden darinnen ſtehen, ſo dann zerquetſchet man dieſe Maulbeer

mit

mit den Händen recht wohl, und drucket sie in diesem Geschirr vollkommen aus; hierauf nimmt man ein anderes etwas grösseres und tieferes Geschirr, füllet dieses halb mit frischem Wasser, setzet sodann ein Sieb hinein, damit die Saamen-Körner durchfallen können. In diese Sieb werden die ausgedruckte Maulbeer eingeleget, und mit der flachen Hand dergestalten umgerieben, damit die Saamen-Körner durch die Sieb fallen, und von ihren zerquetschten Hülsen vollends abgesonderet werden.

Wann nun dieses geschehen, wird das im Geschirr befindliche Wasser ganz sanft und mit solcher Behutsamkeit abgeseugt, damit die Samenkörner zuruck bleiben, und nicht etwann samt dem Wasser abgespühlet werden.

Sodann aber ist nöthig, daß auf die zuruck gebliebene Körner abermahlen frisches Wasser gegossen, der obenauf schwimmende geringe und schlechte Saamen hinweg geworfen, wieder ab-

B                                    ge-

geſeugt, und mit ſolcher Wäſſerung
und Abſeugung ſo lang fortgefahren
werde, bis das Waſſer und der zu Boden gefallene gute Saamen gänzlich
rein und ſauber iſt.

Dieſer Saamen wird folgends aus
dem Geſchirr ausgehoben, auf einem
ſauberen leinenen Tuch an einem lüftigen,
aber ſchattichten Ort abgetrocknet, und
bis zur Ausſaat-Zeit an einer trockenen
Stelle aufbehalten.

# Drittes Kapitel.
## Wie die Maulbeer-Bäume aus dem Saamen zu erzeugen.

Wann man nun den obigen Maul-
beer-Saamen zu Bäumen, oder
auch Spallier-Reiſern ſäen will, welches mit Anfange oder halben April,
nachdem es die Witterung geſtattet,
geſchiehet, ſo iſt ſehr nutzlich, wann man
eine Zeit vorhero, und zwar vorzüglich
im Herbſt, die Felder oder Beeter, worauf

auf er geſäet werden ſoll, tief umgra-
bet, und mit guter leichter Erden wohl
zurichtet.

Derley Saamen = Beeter pfleget
man insgemein ſechs Klafter lang und
vier Schuh breit anzulegen, damit man
ſolche leichter beſpritzen, und auch von
dem Unkraut füglicher reinigen könne;
zu einem Saamen-Beete von dieſer Gröſ-
ſe wird eine halbe Wiener = Maß Sa-
men erforderet. Will man aber das
Saamen = Beet nur halb ſo groß machen, mithin drey Klaffter lang und vier
Schuh breit anlegen, ſo brauchet man
auch zur Beſäung nur eine Viertel
Maß.

Den Saamen läßt man durch vier
und zwanzig Stunden in einem geſtan-
denen Regenwaſſer oder anderen mat-
ten Waſſer ſtehen, folgends wird er ab-
geſeugt und unter eine gute trockene
Garten = Erde nach Maß, als man
Saamen hat, vermiſchet. Wann nun
der alſo vermiſchte Saamen durch 24.
Stunden geſtanden, wird ſelber mit der

Hand

Hand in einer Gleichheit gesäet. Man muß aber von der nämlichen guten gereiterten Erden einen Vorrath zurück behalten, um damit die übersäeten Beeter wenigstens einen starken Zoll hoch ganz locker zu bedecken; Nach sothaner Aussaat müssen die besäete Beter alsogleich mit Spritzkrügen begossen, und damit nach Beschaffenheit der Witterung täglich Abends fortgefahren werden; darbey aber ist Sorg zu tragen, damit die Saamen-Beeter von dem zugleich hevorgehenden Grase, oder Unkraut beständig gesäuberet, folgbar der gute Saamen nicht ersticket, sondern mittels solchen Fleißes zu seinem bessern Wachsthum beförderet werde.

# Viertes Kapitel.

## Von Versetzung der aus dem Saamen erzeugten jungen Bäumlein.

Wann nun die in obigen Saamen-Beetern erwachsene junge Bäume

me durch 2. Jahr gestanden, so grabet
man sie zugleich im Fruhjahr aus, ent=
weder im Merzen oder April, nachdem
es die Witterung zuläßt. Will man
sodann diese in die Baum=Schulen über=
setzen, und hochstämmig erziehen, so
müssen sie erstens an den Wurzeln et=
was beschnitten, an dem Stamm selb=
sten aber von allen Seiten=Trieben ge=
reiniget, auch der Gipfel bis zu einem
frischen Aug abgeworfen werden.

Im Fall aber obige junge Pflanzen
zu Spallier angewendet werden wollten,
welche man zu anfänglicher Erzieh=und
Fütterung der Seiden=Würmen gar
nutzlich gebrauchen kann, so sind zwar
an diesen die Wurzel und Gipfel, wie
auch Seiten=Aeste von oben an etwas
weniges abzustutzen, im übrigen aber
alle beschnittene Seiten = Aeste beyzu=
lassen.

Man versetzet sodann diese Spal=
lier=Stauden in das darzu gewidmete
Erdreich mit Aufwerfung eines Gra=
ben, der 3. Schuh tief und 2. Schuh

breit

breit ist; dieser wird zur Helfte mit guter, auch allenfalls mit Dung zugerich-
teter Erden angefüllet, folgends die
Zweige darein gesetzet, und anderthalb
Schuh weit aus einander gestellet, auch
mit guter Erden bedecket, und im ersten
Jahr zur Sommers-Zeit, wann es
nicht regnet, wochentlich zwey oder drey-
mal Abends mit Wasser begossen.

Auf gleiche Weise werden die Zweige, die man zu hochstämmigen Bäumen erziehen will, in der Baum-Schul
zwey Schuh im Quadrat aus einander
gesetzet, dergestalten, daß in einem vier-
eckichten Grund von 6. Klaftern nach dem
beygehenden Abriß neun und vierzig junge Bäume ganz füglich Platz haben,
auch allda leicht gepfleget, und begossen werden können.

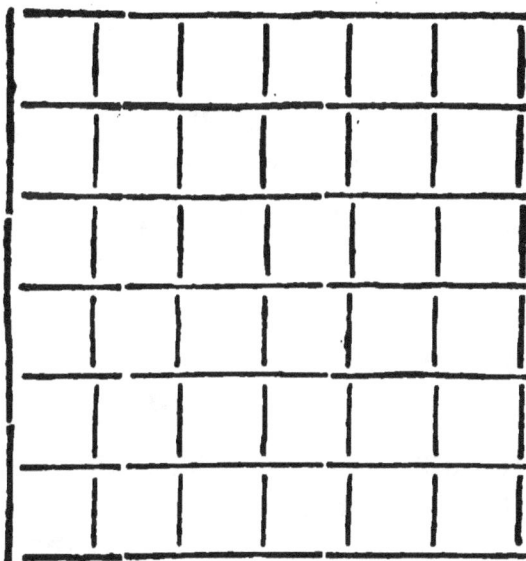

Sonderlich aber müſſen dieſe junge Bäume gleich bey der Verſetzung, und durch das erſte Jahr im Sommer wenigſtens zweymal in der Wochen Abends begoſſen, und von dem Unkraut gereiniget werden.

Ferners iſt zu merken, daß man dieſen jungen Bäumen die wachſende untere Aeſte nicht ehender abſtutzen ſolle, als bis der Hauptſtamm von unten auf

B 4　　　zu

zu einer etwelchen Dicke gelanget. Hiedurch bekommet man einen wohl geformten und dauerhaften Baum, wo ansonsten, und wann die untere Zweige zu frühzeitig abgeschnitten werden, der ganze Saft in die Höhe steiget: und eben daraus erfolget, daß der Stamm bey der Kron stärker als bey der Erden wird, welches nicht nur den Baum verunstaltet, sondern auch verursachet, daß derley Bäume von stürmischen Winden leicht abgebrochen werden.

Wann aber auch der untere Theil des Stamms die erforderliche Stärke überkommen, so ist sich doch zu hüten, damit die Aeste nicht allzunahe an dem Baum abgeschnitten werden, sondern daß das nächst am Stamm befindliche Ringel unverletzet verbleibe.

Und obschon übrigens dieser Baum nach seiner Natur gar nicht geneigt ist, in gerader Höhe zu wachsen, so kann er jedoch durch geschicktes Schneiden, wenn er ein Jahr von der Einsetzung an in der Pflanz-Schul gestanden, darzu erzwungen werden.          Fünf-

# Fünftes Kapitel.

## Von weiterer Versetzung der Bäume aus der Pflanz-Schul.

Diese Verpflanzung aus den Plan-
tagen geschiehet gemeiniglich, wenn
der Baum 5. oder 6. Jahr allda gestanden, und der Stamm bis an die
Krone eine Höhe von 5. oder 6. Schuh
erreichet hat.

Die beste Zeit zu sothaner Uebersetzung sind die spätere Herbst-Mona-
te, nämlich der halbe October oder der
Anfang des Novembers; gestalten die
um diese Zeit versetzte Bäume die ganze Winter-Feuchtigkeit genießen, und
viel leichter fortkommen, als wann die
Versetzung im Monat Martii geschiehet, wo die Bäume, wann nicht der
gehörige Fleiß, sonderlich im Begießen,
angewendet wird, gar öfters verderben.

Es ist schon oben Erwehnung geschehen, daß dieser Baum vornehmlich

einen

einen sandigen, schotrigen oder sonst
lockern Grund liebe, und in solchem sei=
ne zarten Wurzeln am leichtesten aus=
strecken, mithin auch schleuniger wach=
sen könne. Dahero auch die allererste
Sorgfalt anzuwenden ist, daß ein der=
ley tüchtiger, dem Maulbeer=Baum be=
sonders gedeihlicher Grund ausgewäh=
let werde.

Man pfleget aber diese Bäume ge=
meiniglich drey Klaftern weit aus ein=
ander zu setzen, damit sie genugsamen
Raum haben, sich in der Krone auszu=
breiten, und die Wurzeln nicht in ein=
ander wachsen, wodurch einer dem an=
dern die Nahrung entziehet. So ist
auch sehr dienlich, wann die Baum=
Gruben, wohin die Bäume zu stehen
kommen sollen, einige Monate vorhe=
ro, und zwar 3. Schuh tief, und 3.
Schuh im Durchschnitt breit gegraben,
und aufgeworfen werden, damit die
Luft und der Regen sowohl, als die
Sonne die Erde zur Fruchtbarkeit desto
besser durchwirken, und folglich der
darein

darein geſetzte Baum ſeine Wurzel de-
ſto geſchwinder ſchlagen könne.

Damit aber dieſe junge Bäumlein, ſo
man aus der Pflanzſchul im Herbſt weiters zu verſetzen antraget, zu einer ſchö-
nen Krone zubereitet werden, giebet die
Erfahrung das beſte Mittel an die Hand,
wann nämlich von derley Bäumen, da
ſie noch in der Baumſchul ſtehen, im
Fruhjahr die in der Krone gut gewachſene
Aeſte und zwar jedes Aeſtlein bis auf 3.
oder 4. Augen abgeworfen, im folgenden
Herbſt aber bey der Verſetzung nur die
Wurzel allein, und nicht die Kronen be-
ſchnitten, deren letzteren Beſchneidung
hingegen auf das Frühejahr verſchoben
wird.

Alsdenn ſtellet man eine gute von
unten gebrennte Baumſtange in die er-
öffnete Gruben hinein, und füllet die
Gruben faſt 2. Schuh tief mit guter
Erde, welche von emſigen Haushaltern
allſchon zum Voraus mit etwas Dung
oder Schlamm vermiſchet, und zuge-
richtet wird; folgends ſetzet man den
Baum etwan anderthalb Schuh tief,

theilet

theilet die Wurzeln, wie es die Natur
giebet, und wirft einige Erde darauf;
Wornach man den Baum in etwas
schüttelt, damit die Wurzeln nicht hohl
liegen, und thut wiederum einige Erde darauf, welche mit samt der Wurzel eingetretten wird, füllet sodann die
ganze Gruben an, machet um den Baum
von aussen herum eine Hand hohe Schei-
ben, damit das Wasser sowohl vom
Regen, als Giessen nicht ablauffen könne; jedoch solcher Gestalten, daß der
Baum nicht tiefer, noch seichter gesetzet werde, als solcher vorhin in der
Pflanz-Schul gestanden, und seine von
unten auf habende Marke anzeiget.
Endlich wird der Baum an die Stan-
ge locker angebunden, damit er sich mit
samt der Erden nachsetzen könne.

Wenn nun dieses geschehen ist, so
wird der Stamm wohl begossen, auf
daß sich die Erde setze, und die Wurzel
erfrischet werde, und wann das Wetter im Herbst wider die Natur dieser
Jahrszeit gar zu trocken seyn solte, so
begießet man die Bäume noch ein oder
zwey-

zweymal. Iſt die Zeit aber untermi=
ſchet feucht, ſo läßt man es bey dieſem
einmaligen Begießen bewenden.

Dieſe alſo verpflanzte Bäume ha=
ben den ganzen Winter hindurch keine
weitere Verpflegung vonnöthen, als
daß man ſie, wenn ſie nicht in verwahr=
ten Gärten, ſondern im freyen Felde
ſtehen, vor dem Vieh und Wilde be=
wahre, geſtalten ſonderlich die Haaſen
die Rinde davon im Winter gerne ab=
nagen, welches letztere dadurch verhin=
deret werden kann, wenn man den
Stamm mit altem ſtinkenden ſchweine=
nen Schmeer bis an die Krone beſtrei=
chet, oder mit Stroh auch Dörnern
einbindet; kommt aber das Hornvieh
oder anderes hohes Wild darzu, ſo
freſſen ſie gerne die hohe Gipfel weg,
welches dann eben den Baum wenig=
ſtens um ein ganzes Jahr zurück ſchla=
get, bis derſelbe durch einen neuen Trieb
wieder zu einer Krone gebracht werden
kann. Weſſentwegen zu Verhütung die=
ſes rathſam und auch nothwendig iſt,
daß

daß derley Bäume nahe an den Häusern, oder auf eingefangenen sicheren
Gründen, um auch zu Fütterung der Seiden-Würme das nöthige Laub desto
näher und bequemer an der Hand zu
haben, vorzüglich gesetzet, allenfalls aber
die Kronen, und der Gipfel, so weit
das Vieh oder Wild solchen erreichen
kann, mit Dörnern wohl verwahret
werden.

In dem darauf folgenden Jahr,
wenn die Erde offen ist, und trockenes
Wetter einfallet, müssen die Bäume
wenigstens alle 8. Tag einmal, wann
es anderst thunlich ist, gut begossen
werden, womit man auch den ganzen
Sommer hindurch fortfahren kann; allermassen die Feuchte zu ihrem Wachsthum das meiste beyträgt. Sollte
aber derley öftere Begießung wegen
Entlegenheit des Wassers allzu beschwerlich fallen, so wird sich der junge
Baum gleichwohl erhalten, wann er
durch den Sommer bey trockenem Wetter auch nur drey oder viermal wohl
begossen wird. Auf

Auf gleiche Weiſe iſt nöthig, daß man im Sommer die Erde um den Stamm herum etliche mal eine Hand tief aufhacke, oder aufriegle, und das Unkraut davon butze, damit die Feuchtigkeit ſich beſſer zur Wurzel ziehen könne, und durch jenes dem Baum die Nahrung nicht benommen werde.

Sonſt hat man dieſen erſten Sommer nichts zu thun, als daß man die jungen Triebe, oder Zuſätze, die etwann bey der Wurzel, oder an dem Stamme unter der Krone ausſchlagen, fleißig abbutze, damit der ganze Saft der Krone zu gute komme, und der Stamm glatt und rein erhalten werde.

In dem zweyten und folgenden Jahren aber muß man bemühet ſeyn, die Krone wohl zu ziehen. Zu dem Ende, wenn die Krone bey dem Einſetzen nach der vorgeſchriebenen Art zugeſchnitten worden, ſind die innerhalb der Krone wachſende Zweige fleißig auszuſchneiden, damit ſolcher geſtalten der Baum beſtändig hohl verbleibe, folgbar die

Sonne

Sonne und Luft darinnen frey würken
können; wie man dann nur die aufwärts,
nicht aber die unter sich nach der Erde
wachsende Zweige muß treiben lassen.

Auf diese Art wird die Krone nicht
allein ein gutes Ansehen gewinnen, sondern auch zum Besteigen und Ablauben
bequem seyn. Wie dann eben dieses die
Ursach ist, daß der Stamm nicht wohl
über 6. Schuh hoch seyn solle.

Es geschiehet aber das Beschneiden
und Ausbutzen gemeiniglich im Hor-
nung oder Anfang des Martii, mit der
alleinigen Vorsicht, daß die Zweige
nicht allzuhart am Stamme oder Haupt-
Ast weggeschnitten, und je zuweilen auch
das an dem Stamme sich anlegende
Mooß mit einem Stümpel Holz ab-
geschabet werde.

Endlich ist noch zu beobachten, daß
man von den jungen neugesetzten Maulbeer-Bäumen kein Laub abbrechen lasse,
ehe und bevor sie nicht über 3. Jahr
an dem Ort gepflanzet worden sind,
weil ihnen hierdurch die Kraft zum
weite-

weiteren Wachsthum benommen würde,
und dieſe noch zarte Bäume ſolcher ge=
ſtalten ſehr zurück bleiben, und zu kei=
nem rechten Wachsthum gelangen könn=
ten. Noch weniger dürften die Aeſte
ſammt dem Laub abgeriſſen werden, wel=
ches zu Zeiten durch Unachtſamkeit, wo
keine Aufſicht iſt, geſchiehet, und den
Baum ſehr beſchädiget. So iſt es auch
beſſer, wann die Maulbeer=Blätter ein=
zelweis abgebrochen, als wann zu Ge=
winnung der Zeit ganze Aeſte auf ein=
mal bis auf den Gipfel abgeſtreifet wer=
den. So ſolle man auch das äußerſte
Laub des Aſtes niemalen abnehmen, viel
weniger aber einen Aſt gar abreiſſen,
oder auch das Laub zerquetſchen; maſ=
ſen das erſte den Baum zurück gehen
machet, und das zweyte den Wür=
men ſchadet.

Das Maulbeer=Laub muß alſo, ſo
viel als möglich, einſchichtig, nämlich
nicht viel auf einen Griff zuſammen ab=
genommen werden, und dieſes erſt, nach=
dem die Sonne den Thau oder Regen

C                    von

von den Blättern abgetrocknet hat;
dann unter allem ereignet sich nichts,
was den Seiden = Würmen mehr
schadet, als das nasse Laub, wovon sie
die Wassersucht bekommen, welches
ihre heftigste und gefährlichste Krank=
heit ist; es schadet auch den Maul=
beer = Bäumen selbst, wenn das Laub
bey starkem Thau oder Regen = Wetter
abgepflicket wird.

# Sechstes Kapitel.
## Von den Anstalten zur Aus=
brütung der Seiden=Würme.

Die Ausbrütung des Saamens und
die weitere Pflegung der Wür=
me kann in einer Wohnstuben, oder
Nebenzimmer vorgenommen werden,
wann nur sothanes Zimmer trocken und
lüftig, auch von Ungeziefer, als Spin=
nen, Mäusen und dergleichen wohl ge=
reiniget und verwahret ist. So muß
man auch nicht mehrere Würme auf=
ziehen,

ziehen, als der Raum des Zimmers
gestattet, weil nichts schädlicher und
auch zur Fütterung beschwersamer ist,
als wann die überhäufte Würme aus
Mangel des erforderlichen Platzes hoch
übereinander geleget werden, massen
man solcher gestalten sie weder recht säu-
bern, noch in der Ruhe und ordent-
lichem Futter erhalten kann.

Zur Abtheilung der Würme richtet man in dem Zimmer einige Gerüste
auf, welche nach geendeter Einspinnung
wieder aus einander geleget, und vor
das künftige Jahr auf einem Boden ohne
mindesten Ungemach des Hauswirths
aufbehalten werden können. Diese Gerüste verfertiget man von starken Lat-
ten, welche beyläufig so hoch als das
Zimmer sind, und mit vielen Seiten-
Sprossen so abgetheilet werden, daß man
solche in einem Zimmer von 9. Schuhen
in der Höhe wenigstens sechsfach auf einander legen, und zur Fütterung der
Würme gebrauchen möge. Sothane
Fache oder Horden werden von Rohr

C 2                              oder

oder weidenen Ruthen geflochten, und
in einer Rahm eingefasset, damit die
Würme nicht leicht herab fallen, oder
das Futter zerstreuen können. Mittels derley Gerüsten können in einem
Zimmer, so 24. Schuh lang und breit
ist, ganz bequem die Würme aus zwey
Loth Saamen Platz haben.

Man machet zur Ausbrütung der
Seiden-Würme nicht ehender die An-
stalt, als bis die Knöpfe oder Augen
an den weissen Maulbeer-Bäumen
stark zu treiben und aufzubrechen begin-
nen, so daß die Blätter in der Grösse
eines Pfennigs zu sehen sind, welches
gemeiniglich in hiesigen Ländern mit Anfang des May-Monats geschiehet.

Viele pflegen den Saamen vorher im
alten Wein, wie er vom Zapfen kommt,
einzuweichen, und eine halbe Viertel-
stund darinnen liegen zu lassen, damit
der Saamen dardurch gestärket werde,
und man den guten von dem verdorbe-
nen unterscheiden möge; Maßen der
letztere oben schwimmet, und zu keinem
Gebrauch

Gebrauch, sondern weg zu werfen ist; den guten Saamen aber, so auf den Boden sinket, trocknet man auf einem weissen Tuch bey gelinder Wärme. Es bringet aber auch der uneingeweichte Saamen gute Würme, mit dem alleinigen Unterschied, daß man den erstickten Saamen nicht sogleich, sondern allererst nach der Ausbrütung erkennen mag.

Wenn nun die Ausbrütung geschehen soll, so thut man den Wurm-Saamen in eine reine mit keinem üblen Geruch angesteckte Schachtel, und leget auf dem Boden ein sauberes Papier mit einem zwey Finger hoch aufgebogenen Ranft, dergestalt, daß der Boden oder das Papier mit dem Saamen bedecket ist, jedoch der Saamen nicht über zwey oder höchstens dreyfach übereinander liege. Diese Schachtel wird zwischen zwey gewärmten Küssen zu dem Ofen gesetzet, und in dem Zimmer drey oder vier Täge hindurch eine mittelmäßige Wärme erhalten. Man muß sich hü-

C 3　　　ten,

ten, daß die Wärme nicht allzu heftig
ſey, dann entweder verdirbt der Saa=
me gänzlich, oder die Würme kommen
röthlicht hervor, welche alsdann ganz
und gar nichts nußen, weil die in allzu
groſſer Wärme ausgebrütete Würme
zwar bis zur vierten Häutung freſſen,
alsdann aber größtentheils dahin ſter=
ben; die wenige aber, ſo bey Leben blei=
ben, machen nur ein gar ſchlechtes Ge=
ſpünſte. Die Wärme, welche ein ge=
ſunder Menſch im Bette hat, iſt die ei=
gentliche Wärme, ſo zu Ausbrütung
der Würme erfordert wird, und pfle=
gen viele die zugemachte Schachtel über
Nacht zu ſich in das Bette zu nehmen,
damit auf ſolche Weis der Saame ohne
Unterbruch auch zur Nachtszeit in glei=
cher Wärme erhalten werde.

Den dritten oder vierten Tag, wenn
die rechte und gleiche Wärme beobach=
tet worden, pflegen die Seiden=Wür=
me aus dem Saamen heraus zu krie=
chen. Wenn man dieſes wahrnimmt,
ſo muß man ein Papier, ſo mit einem
Pfrie=

Pfrieme, beſſer aber mit einer Scheer voll kleiner Löcher geſtochen, oder geſchnitten iſt, in der Größe der Schachtel über den Saamen decken, und kleine Zweige oder junges Laub von weiſſen Maulbeer-Bäumen darauf legen; alſobald werden die Würme durch die Löcher des Papiers auf die kleinen Blätter ſteigen, und ſolche ganz ſchwarz beſetzen. Dieſe alſo mit Würmen angefüllte Zweige oder junge Blätter thut man in andere trockene und wohlriechende Schachteln, oder auf reinliche mit umgebogenen Ränden verſehene Papiere, ſetzet ſie auf einen Tiſch, und leget einige friſche Blätter darzu, damit die Würme ſich aus einander theilen, und genugſame Nahrung finden mögen.

Sobald man nun die zum erſten ausgefallene Würme von der Schachtel auf den Tiſch überſetzet hat, wird die Schachtel oder vielmehr das durchlöcherte Papier wieder mit friſchen, aber wohl abgetrockneten Zweigen beleget, und damit ſo lang fortgefahren, bis der

gu-

gute Saamen vollends lebendig worden,
welches gemeiniglich binnen dreyen oder
höchſtens vier Tägen erfolget. Wann
einige Würme gar ſpat auskriechen,
hat man ſich von ſelben wenig zu ver-
ſprechen, und iſt kein Verluſt, wann
derley Spätlinge weggeworfen werden,
maßen ſie bey der Fütterung und ſon-
ſten nur Ungelegenheit machen.

Es müßen aber die Würme, ſo den
erſten, zweyten, dritten und vierten
Tag ausgekrochen, nicht vermenget,
ſondern abgeſönderet, und die Papiere,
worauf man ſie geleget, mit Nro 1. 2.
3. 4. bezeichnet werden, damit ſolcher
geſtalten jede Gattung der Würme
zu gleicher Zeit ihre Häutung vollbrin-
ge, und auch die Pflegung mit beſſerer
Ordnung geſchehe.

Sie-

# Siebentes Kapitel.

## Von Pflegung der Seidenwürme.

Den neu ausgekrochenen Würmen giebt man täglich bis zum ersten Schlaf zweymal neue Zweige, und leget selbe so bequem, damit die Würme sich ganz leicht darauf begeben, und nicht zu dick beysammen bleiben, gestalten sie bis dahin nicht viele Nahrung brauchen.

Man kann die ersten sechs bis sieben Täge in wenig Schachteln, oder auf einem einzigen Tisch eine grosse Menge beysammen haben ; nur muß man sie beständig in einer mittelmäßigen Wärme erhalten.

Diese edle Würme schlaffen und häuten sich in ihrem Leben viermal, gemeiniglich sieben, acht, bis höchstens neun Täge, nachdem sie wohl gewartet werden. Bey einer jeden Häutung scheinen sie krank zu seyn; sie sitzen auf ihrer Stelle unbeweglich, und nehmen keine Speise. Dieses dauret zweymal

24. Stunden, alsdann fangen sie an
wider herum zu kriechen, und Nahrung
zu suchen.   Man thut aber wohl, daß
man ihnen nicht eher wiederum Blätter
vorleget, bis man siehet, daß sie grö=
ßtentheils ausgehäutet haben.   Sonst
würde man verursachen, daß sie sich
in der Folge gar zu ungleich häuten,
welches die Wartung sehr beschwerlich
macht.   Dann es ist viel bequemer,
wenn die Würme, so zu gleicher Zeit
ausgefallen, auch zugleich miteinander
häuten und fressen.

Bey der ersten Häutung müssen die
obangezeigte Gerüste oder Stellen be=
reits fertig seyn, wo man die Würme
aufheben kann, indem sie nunmehr nach
der Maße ihres Wachsthums immer
mehr Platz erfordern.

Es werden demnach die Würme
nach der ersten Häutung, wann sie
nämlich ihr schwarzes Häutlein in ein
etwas weisseres verkehret,   auf die
Bretter oder Horden gebracht, welche
letztere, damit die noch kleine Würme
nicht

nicht durchfallen, man mit Papier belegen muß. Es geschiehet aber diese Uebersetzung auf folgende Weise:

Man bestreuet zu forderst die abgehäutete Würme mit frischem Laube, und wann sie sich darauf gesetzet, so leget man sie mit dem Laube auf das darneben stehende Bret, oder Horde. Eben so verfährt man, so oft ihr Lager zu reinigen nöthig ist. Noch bequemer aber ist ohne Zweifel die in China eingeführte Art, die Würme von einem Lager auf das andere zu bringen. Man hat nämlich ein Netz, nach Art unserer Vogelgarne, das ungefehr die Grösse des Bretes oder Horden hat, worauf die Seidenwürme gehalten werden.

Dieses Netz breitet man über die Würme aus, und bestreuet es mit frischem Laube. Alsobald kriechen sie durch das Netz auf das Laub, und man kann folglich alle Würme auf einmal auf ein anderes Lager heben.

Die

Die Zweige, und Blätter des vorigen Lagers kann man in einen Winkel des Zimmers auf etliche Tage legen, und frische Blätter darauf werffen, damit sich die Würme, die sich etwan noch darinnen verhalten haben, auf das frische Laub ansetzen, und sodann auf die Breter oder Horden gebracht werden können. Dieses muß bey jeder Reinigung des Lagers beobachtet werden.

Es ist aber diese Reinigung ein Hauptwerk in Wartung der Seidenwürme. Man ist hievon durch eigene Versuche überzeuget, dann da man eine Anzahl Würme über die erforderliche Zeit ohne Reinigung hat liegen lassen, sind sie gleich erkranket, und haben sich nicht ehender erholet, als bis sie ein frisches Lager bezogen; wohingegen die Würme, so man länger verwahrloset, und ohne Säuberung gelassen, gänzlich verdorben sind.

Es muß aber diese Reinigung im Anfange gleich nach der ersten, und

bis

bis zur anderten Häutung zweymal ge#
schehen. Nach der zweyten Häutung
bis zur vierten muß ihr Lager alle drey
bis vier Tage gereiniget werden, nach
der Maße, wie sich der Unrath un#
ter ihnen vermehret. Nach der vier#
ten Häutung aber, bis zum Einspin#
nen, müssen sie alle zwey Tage unfehl#
bar ein frisches Lager haben, massen
in dieser letzten Zeit die schon vollends
ausgewachsene Würme grossen Hun#
ger haben, und immerhin gespeiset wer#
den wollen, folgbar auch grösseren
Unrath machen.

Wenn man diese Reinigung richtig
beobachtet, so wird man so leicht kei#
ne Krankheit unter ihnen spühren, und
der sonst gewöhnlichen Räucherung von
wohlriechenden Kräutern, Zucker und
Wachholder # oder Kranewetbeeren we#
nig oder gar nicht nöthig haben, wie#
wohlen sothane Räucherung, wann
Krankheiten bey den Würmen entste#
hen, sehr gute Dienste thut, und nicht
zu unterlassen ist.

Nuß

Nur allein muß man den allzustarken Rauch vermeiden, indem aller Rauch, der die Würme unmittelbar berühret, selben schädlich ist; wie dann die untrügliche Erfahrung noch weiters bestättiget, daß aller Dampf und unmittelbare Berührung von Oel, Fetten, oder Inschlicht die Würme abstehen mache.

# Achtes Kapitel.
## Von Fütterung der Seidenwürme.

Zu einer gesegneten Seidenzucht ist nichts wesentlicher als die Fütterung, weil diese die Nahrung der Würme ausmachet, und zur Güte des Seidengespünsts das mehreste beyträgt.

Wie die Seidenwürme bis zur ersten Häutung gefüttert werden müssen, ist schon oben erwähnet worden. Hiernächst wird von der ersten bis zur dritten

ten

ten Häutung täglich zweymal, von
der dritten bis zur vierten Häutung
aber täglich vier auch fünfmal das Fut=
ter aufgelegt; die letztern drey Täg
aber vor ihrem Einspinnen muß man
ihnen öfters, und fast alle zwey Stun=
den Nahrung reichen, weil sie alsdenn
einen immerwährenden Hunger haben,
und durch öfteres Laubstreuen ersätti=
get werden müssen.

Man streuet aber die Maulbeer=
blätter ganz gleich über die Würme,
und bis sie zur dritten Häutung kom=
men, kann man ihnen sicher die Blät=
ter von jungen Bäumen aus der Baum=
Schule oder Spallieren geben; diese
zarte Blätter sind ihrer noch schwachen
Natur viel vorträglicher als die Blät=
ter von starken Bäumen. Nach der
dritten Häutung aber bis zum Einspin=
nen müssen sie ihre Nahrung von star=
ken Bäumen und Laub bekommen, und
andurch sich bey Kräften und Wachs=
thum erhalten.

Vor

Vor allen dingen aber muß man
sich hüten, daß den Würmen niemals
nasses oder feuchtes Laub aufgeschüttet
werde; denn sie werden davon unfehl-
bar krank, und sterben endlich, wenn
sie nur ein paarmal dergleichen nasse
Blätter bekommen. Dahero die Blätter entweder vormittag, jedoch nicht
ehender, als nach dem die Sonne den
Thau verzehret, und abgetrocknet hat,
oder auch gegen Abend von denen Bäumen abzunehmen sind.

Man soll auch beständig solche
Blätter im Vorrath halten, und selbe in Kellern oder andern kühlen Oertern verwahren, damit man bey ein-
fallendem Regenwetter die Blätter vorher zu trocknen Zeit habe. Dieses
Trocknen geschiehet, wenn sie in einem
reinlichen Zimmer bey offenen Thüren,
und Fenstern dünne ausgebreitet werden. Wenn es aber eilends geschehen
soll; so fasset man die nassen Blätter
in ein reines leinenes Tuch, und schüttelt

telt dieselben so lang darinnen, bis sie
ziemlich trocken geworden sind.

Endlich kommt es bey der Seiden=
zucht hauptsächlich darauf an, daß
man die Würme von dem Ausbrüten
an bis zum Einspinnen beständig in ei=
nerley Wärme zu erhalten suche. Man
hat weiter nichts zu thun, als täglich
einmal bey heiterem Wetter frische Luft
in das Zimmer zu lassen, jedoch, daß
niemalen die Sonne die Würme be=
scheine.

Ist aber die natürliche Wär=
me grösser, so muß man dieselbe
durch Oeffnung der Thüren und Fen=
ster gegen Mitternacht so viel möglich
zu mäßigen suchen. Dahingegen wenn
die Witterung kalt, und feucht ist,
so muß man eine gemäßigte Wärme in
das Zimmer durch das Einheitzen brin=
gen, und dabey die Thüren und Fen=
ster sorgfältig zuhalten; massen die
feuchte Luft den Würmen ungemein
schädlich ist.

D        Nur

Nur alle zwey oder drey Tage, wenn die Sonne hervor blickt, muß man bey so übler Witterung auf eine halbe Stund die Fenster öffnen.

Hingegen kann man versichert seyn, daß man bey einer sorgfältigen Beobachtung der Würme, und gemäßsigter Eröffnung der Fenster die Nutzung von den Seidenwürmen so hoch bringet, daß man aus zwey Loth Saamen auch 40. und 50. Pfund Cocons oder Seidenwürmer Eyer erzeugen könne.

Bey dieser Art der Wartung hat man auch diesen Vortheil, daß sich die Würme etwas früher einspinnen, da es sonst kaum in 8. oder 9. Wochen zu geschehen pfleget. Man ersparet also an den Blättern sehr viel, und kann deswegen auch mehrere Würme gehalten. Ueber dieß wird auch das Gespünste viel ergebiger und die Seiden viel besser und schöner.

Nach der vierten Häutung muß man auf das Spinngerüste bedacht seyn.

Die-

Dieses wird gemeiniglich auf den obersten Brettern oder Horden, dann auf anderen beliebigen Oertern von Birken, Weinreben, oder anderen dürren Reisern verfertiget, welches aber kein Laub haben muß, damit die Floretseide nicht verunreiniget werde. Eine jede Spinnhütte muß zu forderst einen genugsamen Raum haben, damit die Würme sich genugsam verbreiten, und nicht zuviel doppelte Cocons oder Seidenwürmer Eyr verfertigen. Man bedeckt das Spinnhause oben mit einem leinenen Tuch, und läßt eine Seite offen, damit man die zeitige Würme nach und nach hinein legen könne.

Wenn nun die Würme 7. bis 8. Tage nach der vierten Häutung um den Hals weiß und durchsichtig werden, keine Speise mehr annehmen, sondern auf den Blättern unruhig herum= auch wohl auf die Seiden heraus kriechen, wobey ihnen gemeiniglich ein Seidenfaden aus dem Halse hänget; so nimmt man dieselben heraus, und

setzet

seget sie auf das Spinngerüste. Sie
steigen von selbst auf, und suchen sich
ihren Plat. Diejenige aber, so nicht
selbsten aufsteigen, und über 24. Stunden zuruck bleiben, muß man auf zu-
seten suchen, und wenn sie herunter
fallen, auf einen Tisch mit Hobelspä-
nen legen, wo sie alsdenn ein etwas
schlechteres Gespünste machen.

Währendem Spinnen bedarf es
keines weiteren Einheizens; ja es ist
besser, wann die Witterung etwas küh-
le ist: nur allein muß man sie vor den
Mäusen bewahren, welche gerne auf
die Spinngerüste steigen, und die
Würme mit Verderbung der Seide
heraus fressen, wie denn die Mäuse,
und Vögel überhaupt diesen Würmen
sowohl als dem Saamen sehr nachstel-
len.

Neun-

# Neuntes Kapitel.

## Von Abwindung der Seiden-Galleten und Erzeugung des Wurmsaamens.

Drey Wochen nach dem Anfange des Einspinnens pfleget der Seiden-Wurm in Gestalt eines Schmetterlings oder Zweyfalters hervor zu kommen, nachdem er sein Seiden-Gespünste durchlöchert hat. Man muß also eilen, die Gespünste oder Cocons von den Spinn-Hütten abzunehmen, damit man zum Abwinden der Seide Zeit habe. Wenn also auf einem Spinn-Gerüste kein Wurm mehr zu sehen ist, so reisset man das Spinn-Gerüste ein, und klaubet die Seiden-Eyer heraus. Alsdann wird die äußerste Floret oder sogenannte rauhe Werk-Seide von dem Gespünste sauber abgezupfet, und besonders verwahret. Mit dem Gespünste selbst oder Seiden-Häuslein nachdem die eingesponnene Würme auf hierunten stehende

D 3 | hende

hende Weise getödtet worden, eilet
man zum Abwinden. Man thut nämlich in einen Kessel mit siedendem Wasser
eine gute Hand voll Seidenhäuslein, und
peitschet sie mit einer starken birkenen
Ruthe, bis die klebrichte Materie der
Seiden-Häuslein erweicht ist, und die
Seiden-Faden sich abwinden lassen.
Alsdann nimmt man 7. 8. oder mehr
Faden zusammen, nach Maß als man
feine oder gröbere und stärkere Seiden
erzeugen will, und bringet sie auf den
dabey stehenden Haspel, der ein starkes
Gestelle, dann eine Winde hat, an
welcher der Haspel von einer darzu be-
stellten Person beständig gleich herum
gedrehet, die Seiden-Faden aber durch
zwey Rollen zum Haspel geführet werden. Man muß dergleichen Haspel-
haben, weil die Seide darauf trocknen
muß. Allein wer nicht die Seide ab-
zuwinden schon die Erfahrung, und die
behörige Vortheile besitzet, thut allemal
besser, das Abwinden zu unterlassen,
und dagegen die Cocons oder die Sei-

den-

den = Eyer Pfund weise zu verkau=
fen, allermassen ansonsten die Seiden
durch unverständige Abwinderinnen viel=
mehr verdorben, also kaufrecht würde.
Bevor man aber die Seiden = Eyer ab=
windet, oder mit Unterlassung dessel=
ben zum Verkauf bringet, müssen die
eingesponnene Würme, damit sie sich
nicht ausbeissen, getödtet, und dadurch
die Galeten aufrecht und abwindmäßig
erhalten werden.

Man ersticket aber die Würme, wenn
man die Gespünste in einen heissen Back=
Ofen, nachdem das Brod schon heraus=
genommen worden, und andurch die
Hitze in etwas vermindert ist, einleget,
und durch sechs Stunden auf Brettern
oder geflochtenen Körben stehen läßt.
Um sicher zu gehen, kann man Anfangs
mittels eines Stangels ein mit Floret=
Seide umgebenes Seiden=Häuslein an
verschiedenen Orten des Ofens etliche
Minuten halten, um zu sehen, ob die
Seide nicht versenget, und andurch un=
verkauflich werde; erweiset nun die Pro=
be,

be, daß der Ofen nicht überhitzt, son=
dern die erste Hitz durch das ausgebacke=
ne Brod bereits gemäßiget, und der
Seiden unschädlich sey, so kann man
die Seiden=Eyer ohne mindester Ge=
fahr einlegen, und damit das Ziel der
Würmer = Erstickung sicher erreichen.
Sollte aber der Ofen nicht genugsame
Hitze haben, so sterben die Würme nicht,
und fressen sich hernach durch.

Man kann sie auch in einem Dampf=
Bade tödten, wann man nämlich in
einem Kessel mit stark siedendem Wasser
etliche Hände voll Salz und etwas
Oel thut, anbey über das Wasser ein
hölzernes Kreutz anbringt, und darauf
einen geflochtenen Korb voll Cocons
setzet, die mit einem leinenen Tuch bis
zum Wasser zu gedeckt werden; so
werden in einer halben Stunde als denn
die Würme ohne Schaden der Seiden
ersticket seyn.

Was aber zur feinen Seide un=
tüchtig ist, wird insgemein die Floret=
seide benamset, und theilet sich in
dreyer=

dreyerley Gattung: die erste und beste
bestehet aus den durchfressenen oder
nicht dicht genug gesponnenen Seiden-
haußlein, und sie erfordert nichts weiter,
als daß man sie in großen Häfen mit
Seifenwasser lang kochen lasse, bis
man das Gespünste bequem auseinander ziehen kann, sodann werden sie in
laulichtem Wasser wohl ausgewaschen,
getrocknet, und mit einen reinen Ste-
cken aufeinander geschlagen. Die zweyte Art ist die obengemeldte von den
Seideneyern abgezupfte rauhe Seide,
welche bloß des Cartatschens bedarf.
Die dritte Art wird aus denen festen
Häuten, wormit die Würme umge-
ben sind, und welche nach Abwindung
der Seiden im Kessel zuruck bleiben,
folgender Gestalten verfertiget: man
kochet diese Ueberbleibsel nochmals,
schlägt oder tritt sie stark untereinander,
und wann sie getrocknet sind, leget man sie
durch zwey Stund in einen Backofen,
worauf das Brod eben heraus genommen worden; folgends schlägt man

D 5                        sie

sie nochmals mit zweyen glatten Ste=
cken, damit alle Unreinigkeit wegfliege,
wornach sie allererst können Kartat=
schet werden.

Zum Beschluß ist noch die Erzeu=
gung des Saamens zu beschreiben.
Man erkieset nämlich bey dem Abneh=
men der Seidenhäuslein von dem
Spinngerüste die festeste, gröste und
schönste Seideneyer, halb Männlein,
und halb Weiblein. Die Weiblein
sind grösser, und an beyden Enden
stumpf, die Männlein aber schmähler,
und an dem einen Ende zugespitzt.

Funfzig paar geben ungefähr ein
Loth Saamen; diese reihet man an
einen Faden, der jedoch nur durch die
Floret= oder äusserliche Werkseide ge=
zogen wird, dergestalt an, daß allemal
ein Männlein, und ein Weiblein aufein=
ander folget: man hängt sie sodann auf,
bis sie sich durchfressen, gemeiniglich kom=
men sie des Morgens frühe heraus.
Folgends werden sie auf einen mit Pa=
pier belegten Tisch gesetzet, Männlein
und

und Weiblein beysammen. Die Männlein sind klein und hager, und bewe-
gen beständig die Flügel; die Weiblein aber haben einen größern, und
dickern Leib.

Wenn sie sich des Morgens zu be-
gatten angefangen haben, so reißet
man sie Nachmittags behutsam auseinander, und setzet die Weiblein auf einen
besonderen mit leinenem Tuch, oder Lein-
wand belegten Tisch, allwo sie ihre
Eyer legen, und zwar jedes Weiblein
auf dreyhundert, und mehr. Man
muß auch diese Weiblein unter währendem Eyerlegen mit etwas leichtem
zudecken, denn in der Dunkelheit legen sie ihre Eyer nicht so weitläufig,
und zerstreuet auseinander.

Diese Eyer sind anfangs gelb,
nach etlichen Tagen werden sie bräun-
lich, und endlich bläulich. Man
kann sie entweder auf diesem leinenen
Tuch lassen, und den Winter über an
einem kühlen ungeheitzten trocknen Ort,
am allerbesten aber im Kasten zwischen
leine-

leinenem Zeug bewahren, bis im April
des folgenden Jahrs, wo man sodann
den Saamen mit dem leinenen Tuch
in einem Wein einweichen muß, und
wann er eine halbe Stund darinnen
gestanden, so kann man den Saamen
mit einem stumpfen Messer von der Lein=
wand abnehmen, auch solchen weiters
im Schatten trocknen: dieses kann
auch schon im Herbst geschehen, und
der Saamen in einer gläsernen Flasche
auf vorgemeldete Art bis zur Zeit des
Ausbrütens aufbehalten
werden.

www.ingramcontent.com/pod-product-compliance
Lightning Source LLC
Chambersburg PA
CBHW022012190326
41519CB00010B/1487